神奇动物在哪里

海豚

[法] 斯蒂芬妮·雷杜勒斯◎著

杨晓梅◎译

吉林科学技术出版社

海豚，你来自何方？

　　海豚有鳍，擅长游泳，不过它不是鱼，与虎鲸、白鲸一样，海豚属于鲸目。鲸目与人类一样是哺乳类动物，它们的祖先最初在陆地上生活。鲸目有许多不同于鱼类的特点，两者的进化过程截然不同。通过化石研究与实体的观察，科学家们终于得以重现海豚的历史。

什么是鲸目

　　鲸目与鱼类不同，鲸目皮肤光滑（无鳞片），温血动物，雌性诞下后代后要承担起哺乳与养育的责任（与其他哺乳类一样）。它们无鳃，靠肺呼吸。在游动时，我们可以通过尾鳍的运动来辨别是否为鲸目：鲸目的尾鳍为水平状，上下摆动；鱼类的尾鳍为垂直状，左右摆动。

鲸目的尾鳍活动方式

鲨鱼的尾鳍活动方式

　　大约4500万年前，中爪兽这种动物虽然在陆地上生活，但却以贝壳类、软体类和鱼类为食。在之后的漫长岁月里，它逐渐进化为海洋动物。

陆栖祖先

　　恐龙灭绝后，陆地上出现了鲸目类的祖先。科学家们认为这种动物形似大狗，以鱼类为食。在那个时代，海平面逐渐上升，一部分动物发现海洋里的食物源更加充沛，于是在漫长而神奇的演化之后，它们开始了在海洋里的生活。

从陆地到海洋

科学家们认为大约5000万年前，鲸目类的祖先适应了海洋。无用的前腿渐渐变成了鳍，而后腿则完全消失。头部变得狭长，大大方便了在水中觅食。保暖所需的毛发彻底不见，取而代之的是一层厚厚的脂肪。整个身体构造都符合在水中生活的要求。

鲸目的祖先有原鲸、矛齿鲸、龙王鲸。

原鲸已经有了狭长的躯体，也就是海豚的"流线型"特征。

矛齿鲸已经长出了背鳍，呼吸孔也转移到头部上方。

龙王鲸是鲸目类的祖先中最庞大的，体长在15至20米之间。

图中的化石来自鲛齿鲸。

最早的海豚

鲛齿鲸也叫鲨齿鲸，它出现在2500万年前，颅顶有喷气孔，吻部狭长，三角形的牙齿赋予了它可怕猎食者的地位。

3

历史中的海豚

在古代的欧洲，不管是壁画、墙砖、陶器、钱币还是雕塑，都能看到海豚的踪影。世界各地的神话传说中也有许多海豚的故事。亚马孙的印第安人曾将在此地栖居的粉色海豚作为崇拜的对象。

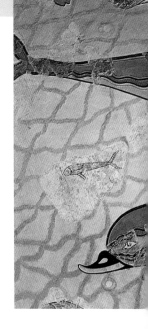

这幅在克里特岛上克诺索斯宫殿里的壁画绘制于公元前1489年。壁画中有许多海豚，讲述了王后在洗澡时，一群海豚游来，让她得以欣赏到一群海豚震撼人心的精彩表演。

古代英雄

许多希腊神话都与海豚有关，并把海豚描绘成善良的动物。根据当时的文献记载，许多希腊渔民误捕海豚后也会将它们放归大海，并且十分尊敬它们。许多神话里都有海豚救人的情节。

在一个著名的希腊神话中，葡萄酒之神狄奥尼索斯在一次跨海之旅中被海盗绑为人质。他施法让船上长满了葡萄藤，使船无法继续前行。船桨变成了蛇，海盗变成了海豚。

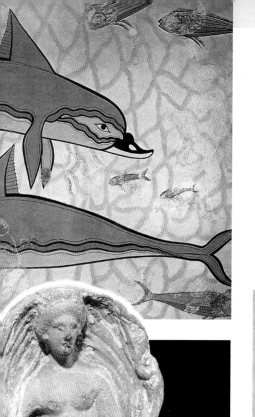

中世纪的厄运

海豚由于以贝壳类和鱼类为食，所以被渔民视为竞争者。在许多地区，海豚被大批捕杀，直到20世纪初期才结束。

现代颇受欢迎

20世纪以来，海豚与渔民相安无事，虽然海豚是颇受欢迎的动物，但数量急剧减少。1963年的一部美国电影更是加深了海豚可爱温柔的形象。《海豚飞宝》在当年大获成功，它讲述了小男孩桑迪与他忠诚又聪慧的海豚朋友的奇妙历险故事。

游泳高手

海豚具备在水中生活的条件。它是游泳高手，其速度最高可达60千米/时。流线型的轮廓，光滑的皮肤，有力的尾巴，这都是它的秘密武器。强大的肺也让它克服了水中呼吸的难题。与虎鲸和露脊鲸等其他鲸目类一样，海豚也是"花样游泳"高手。我们经常能看到海豚从海里跳到空中的优美身影。

精彩的跳跃

野生海豚喜欢跳出海面，做出不同的翻滚动作。它们最高可以跳起6米。有时是它们在表达好心情，有时是与同伴交流（指引鱼群方向或吸引雌性），但有时只是为了改变前进的方向。

在进化的过程中，海豚的骨骼逐渐变轻，提高了它们在水中的活动速度。

气孔

吻

背鳍（起稳定作用）

尾鳍（提供动力）

胸鳍（决定方向）

鳍与皮肤

海豚的鳍很强大：尾鳍上下拍打提供前进的动力，背鳍则可以维持身体的平衡，胸鳍决定了左转还是右转。不过，海豚不可思议的速度引起了专家们的好奇，并得出了惊人的发现。海豚的皮肤会发生极小幅度的变形，可容纳游动时产生的无数细小漩涡。这样能大大减小水流的阻力，提高前进速度。科学家希望能复制出这一特性，并应用到潜水艇等设备上。

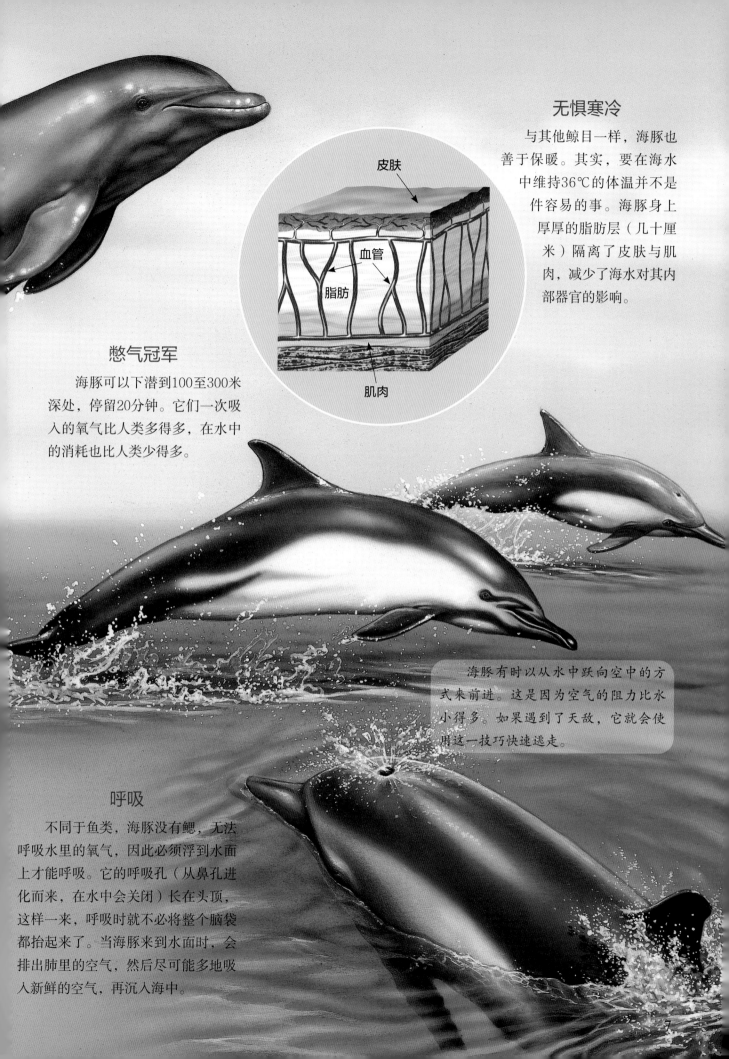

无惧寒冷

与其他鲸目一样，海豚也善于保暖。其实，要在海水中维持36℃的体温并不是件容易的事。海豚身上厚厚的脂肪层（几十厘米）隔离了皮肤与肌肉，减少了海水对其内部器官的影响。

皮肤

血管

脂肪

肌肉

憋气冠军

海豚可以下潜到100至300米深处，停留20分钟。它们一次吸入的氧气比人类多得多，在水中的消耗也比人类少得多。

海豚有时以从水中跃向空中的方式来前进。这是因为空气的阻力比水小得多。如果遇到了天敌，它就会使用这一技巧快速逃走。

呼吸

不同于鱼类，海豚没有鳃，无法呼吸水里的氧气，因此必须浮到水面上才能呼吸。它的呼吸孔（从鼻孔进化而来，在水中会关闭）长在头顶，这样一来，呼吸时就不必将整个脑袋都抬起来了。当海豚来到水面时，会排出肺里的空气，然后尽可能多地吸入新鲜的空气，再沉入海中。

令人惊叹的智慧

多少年来，海豚的许多行为都让人类啧啧称奇。它们伴游船只，在训练中极为服从，屡次救助溺水者，方向感极佳，擅长集体捕猎，这些都是它们智力卓绝的表现。科学家们从人工饲养的海豚身上也发现了许多惊人的能力：宽吻海豚可以认出镜子中的自己，还可以从一堆陌生物品中找出曾见过的东西。

调皮的海豚

在许多海豚身上，我们能观察到它们淘气的一面，从对人类恶作剧中得到乐趣。许多人都见过海豚在载满游客的船只旁边拍水花或是在橡皮船旁边搅动水流让船只摇晃，甚至故意卡住渔船的舵……这些恶作剧是否也侧面体现了它们的智慧？

聪明的海豚

许多动物无师自通做出的行为可以称之为"本能"。聪明的动物懂得寻找解决问题的方法。举个例子，在珊瑚丛中觅食时，海豚会使用天然海绵（多孔动物）来保护吻部。

鲸目类的智商并不是在一条水平线上的，其中宽吻海豚与虎鲸表现出的理解力、学习力与模仿力更强

交流与语言

海豚没有声带，但它们会发出口哨声，以此来交流。这种哨声的强弱、频率有很多变化。每只海豚的哨声都是独一无二的，这让其他海豚能通过声音认出它。声音在水中的传播速度比在空气中快近5倍，这让海豚之间，即使相距遥远，也可以进行交流。

海豚可以借助哨声向团体警示危险，或是通知同伴附近有食物。海豚也会教自己的孩子辨认不同的哨声。

海豚的声波定位能力可以让它发现几十米外乒乓球大小的东西。

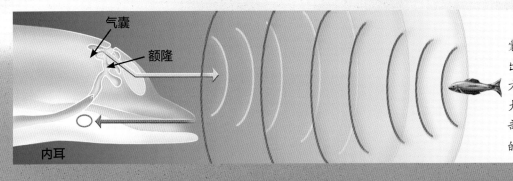

气囊

额隆

内耳

海豚利用空气在气囊（位于头部）的流动发出声音，而额隆（头顶前方的脂肪组织）让声波扩大、聚集。海豚发出的大部分声波是人耳无法听到的超声波。

回声定位

海豚具备回声定位这一神奇的系统，大大强化了它们定位与捕猎的能力。它们发出声波，再分析遇到障碍物后返回的声波。这个系统可以让海豚知道障碍物的位置、形状和大小。有了这个系统，它就可以确定障碍物的位置，决定其前进的方向；也可以找到猎物，发起进攻。

这群海豚发现了藏在沙子里的一条鱼。

水中出生

在水中出生可没那么轻松，特别是对哺乳动物来说。不过，小海豚一出生就有妈妈的陪伴和关爱，雌性海豚一次只能怀一胎，且在抚养小海豚时不会继续生育。虽然海豚过着集体生活，但这并不是一种家庭生活，因为团体中没有雄性海豚。在交配结束后，雄性海豚便会离开，也不会关心雌性海豚与海豚宝宝的未来。

海豚情侣间非常甜蜜，有许多示爱行为，比如喜欢互相摩擦。

情圣

在交配前，有些海豚会花很多时间讨好对方。雄性会使出各种花招吸引雌性的注意。它会做出复杂的跳跃动作或多次跳出水面，直到雌性被它打动。这种"杂技"表演可以持续几天甚至几周时间。当雌性准备好后，也会通过跳跃或在水中转圈的方式以示回应。

海豚只会为了繁殖而形成短暂的伴侣关系。在夏季（发情期），每只海豚都会有好几个伴侣。

交配

在确定关系后，雌雄海豚会一起游动，互相爱抚。情到浓处后，雌雄海豚会紧紧靠在一起完成交配。在同一时期，一只雄性海豚会与好几只雌性海豚交配。因此，海豚伴侣之间的"爱情"转瞬即逝。交配完成后海豚会各自回到原来的集体中。

不同种类的海豚妊娠期不同，约在9至16个月间。怀孕的雌性海豚会寻求一位年长雌性海豚的帮助，特别是在分娩与未来的教育上。当准妈妈感觉自己快生时，会游向海面，因为宝宝出生后必须马上吸到空气，不然会溺水而亡。整个分娩过程可以持续30至120分钟。

海豚宝宝的尾巴先出来（如图①）。当头部出来后（如图②），母亲会把小海豚推到海面上让它呼吸（如图③）。然后小海豚再回到水中，让妈妈哺乳（如图④）。海豚的乳汁含有丰富的脂肪与营养成分，可以让小海豚快速长出一层厚厚的脂肪来抵御水中的寒冷。

小海豚出生后，脐带会断掉。不过有时也需要另一只雌性海豚把脐带咬断。

①

②

③

④

海豚妈妈没有乳头，要通过腹部的孔隙将乳汁喷入水中。

旁边的雌性海豚时刻关注着分娩的过程，随时准备帮忙。

长大成年

出生半小时后，小海豚便会独自游泳了。不过，它要在妈妈身边待上4至6年。一开始，小海豚游泳时，会将一只鳍搭在妈妈身上，或是在妈妈的肚子下游。海豚宝宝很弱小，天敌鲨鱼与虎鲸几口就能杀死它，跟在妈妈身边，小海豚逐渐学会捕猎、交流与自我保护的技巧。

海豚妈妈随时关注小海豚的情况，因为小海豚还不知道什么是危险，很容易被当作猎物。

集体生活

　　鲸目类，特别是海豚，过着集体生活。群体的数量不等，从几只到上百只，与种类、季节等因素有关。独自生活的海豚是非常罕见的。海豚们明白在觅食、自卫与抚养孩子这些事上，互相帮助十分重要。多亏了海豚高效的沟通系统与团结的生活习性，它们才能一直存活到今天。

　　有些海豚会组成总数十几只的小集体。不过在某些特殊时刻，我们也能看到上千只海豚同时出现的景象。

　　海豚之间这种互助行为有时也会在海豚与人之间上演，特别是当人类陷入海难、溺水这样的危机状况时。

互相帮助

　　科学家们发现同一群体的海豚之间会互相帮助。如果一只遇到了困难，比如生病或受伤，就能得到其他成员的帮助。举个例子：一只海豚受了重伤无法浮到海面呼吸，另一只或几只海豚会将它推上去，让它可以出水呼吸。

海豚也会迁徙吗

虽然海豚不会像鲸那样远行数千米，但会因为食物而迁徙。在欧洲，为了追寻沙丁鱼群，有些宽吻海豚在冬天来到英吉利海峡，夏天出现在圣米歇尔山附近的海湾里。发情期来临时，不同群体的海豚也会聚集到一起。不过，有些海豚从来不会离开家园，例如以鱿鱼为食的灰海豚，始终生活在大西洋上的亚速尔群岛周边。

虽然海豚很团结，但在集体中，争执是免不了的。这在雄性海豚中屡见不鲜。不过这种斗争绝不会造成死亡或重伤，只不过会用尾巴拍击几下向对手发出警告。

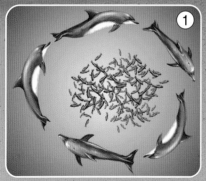
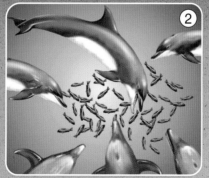

集体捕猎

绝大多数海豚在捕猎时都是集体行动，这就是合作。当一只海豚发现鱼群时，会向其他成员发出信号。所有海豚将鱼群围住，逼迫它们游向海面（如图①）。当鱼群仓皇失措落入陷阱后，海豚们只需要轮流张大嘴冲向鱼群即可（如图②）。我们还知道有些海豚会将沙丁鱼群赶到沙滩上，再跟上去，自己的一半身体留在水中（如图③）。有时，海豚还会与金枪鱼、鲨鱼合作，一起捕猎。

家庭成员

海豚是鲸目大家族的一员，其拥有80多种兄弟姐妹，其中包括著名的蓝鲸、可怕的虎鲸与外表独特的一角鲸。这些都是生活在水中的哺乳动物。虽然它们的大小、外表都不同，但它们的进化沿着相同的路线，拥有许多共同点。地球上的每一片海洋中都有鲸目动物的身影。

有牙还是没牙

在鲸目家族中，长有牙齿的一类归为"齿鲸亚目"，长有鲸须的归为"须鲸亚目"。海豚与鼠海豚、虎鲸、一角鲸、白鲸、抹香鲸等一同归属于齿鲸亚目。

鲸须如同一个筛子，将水滤掉，留下浮游生物。

鼠海豚

鼠海豚是欧洲海域中最小的海豚，体长在1.2至1.8米之间，体重在50至60千克之间。

白鲸

它们的标志是象牙白的肤色与圆滚滚的脑袋。体长约为5.5米，体重约为1.5吨。

海豚

种类不同，体长也不同，在1.8至4米之间。

一角鲸

螺旋状的长牙赋予了它一抹神秘的色彩，让它成为了众多传说中的主角。身上有斑纹，体长在4至6米之间，体重为0.8吨至1.6吨。通常，十余只一角鲸会共同生活。

不同种类的鲸目类个体会生活在同一个集体中。有时我们还能看到海豚与鲸共游的奇异景象：大块头的哥哥与它的小兄弟们。

蓝鲸

蓝鲸是地球上最大的动物，体重（可达170吨）相当于35头大象，体长（33米）相当于3辆公交车。与本页的其他鲸不同，蓝鲸没有牙齿，只有鲸须。多亏了这种梳子式的结构，它才能每天都吃掉4吨浮游生物。

抹香鲸

体积最大的齿鲸非抹香鲸莫属。它体长为18米，重量可达50吨。不过，它身上最神奇的还是超强的潜水能力。抹香鲸可以下沉到海平面下2000米深处，停留2小时左右。

虎鲸

虎鲸与海豚都属于海豚科，但却是海豚最可怕的敌人。虎鲸的身长最长超9米。

一角鲸头部的螺旋状长牙（只有雄性有）长度为2至3米。

世界上有32种海水豚与5种淡水豚。它们以鱼、贝壳、软体动物为食，分布在不同的水域中。

灰海豚

它的外表与其他海豚不同，没有尖尖的嘴巴，全身遍布着白色的"伤疤"。灰海豚分布于热带至温带海域，常大批聚集。

宽吻海豚

毫无疑问，这一定是最知名的海豚，大部分海洋馆里都有它的踪影。宽吻海豚分布于热带至温带海域，群体数量随着季节变化而变化。

体长在2至4米之间，体重在170至650千克之间。

点斑原海豚

这种海豚随着年纪变大皮肤上会渐渐出现斑点，由此得名。它喜欢热带海域，夜晚会潜入深海觅食。虽然受环境影响，种群数量大大减少，但依然是海豚家族中人丁最兴旺的一族。

这只灰海豚的体长约为3.8米，重量约为500千克。

点斑原海豚体长约为2.2米，重量约110千克。

真海豚

真海豚的特征是身上有黑色、白色、黄褐色三种色彩。真海豚分布于热带至温带海域，常组成几千只的大群体共同游弋。与宽吻海豚相比，它胆小敏感，无法人工饲养。

真海豚体长约2.6米，重量约100千克。

暗色斑纹海豚

它体形粗壮，吻部小，背鳍弯曲。在光线下，深色的背部反射出深蓝色的光泽，十分美丽。它分布在赤道以南的海域。团体中的个体数量在50至500只之间。

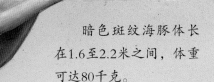

暗色斑纹海豚体长在1.6至2.2米之间，体重可达80千克。

淡水豚

淡水豚的显著特征是额隆更长、眼睛更小。它们分布于南美与亚洲部分的淡水河域。它们的回声定位系统尤为发达。

驼背豚

驼背豚的名字源于背部的隆起，背的上面长着小小的背鳍。它分布于沿海地区，不喜欢深海。驼背豚数量不多，且群体数量通常在5至7只之间，最多不超过20只。

体长约为2.8米，体重可达280千克。

体长约1.6米，体重不超过60千克。

恒河豚如今已经濒临灭绝，体长最长可达2.2米，体重为80千克。

亚马孙河豚身上多有粉色斑纹。它是体形最大的淡水豚（1.7至2.5米长，150千克重）。

海豚与人类

海豚性格活泼，喜欢在水中玩闹，深受人们的喜爱。它们可以完成复杂的表演，给观众带去无限的欢乐。然而，对它们来说，与人类的相遇有时代表着生命的终结。无论是人工饲养、过度捕捞还是军事用途的训练，都不是海豚所喜欢的。许多动物保护组织为了鲸目类的命运积极奔走、抗争。只有让更多人重视这一问题，才能让海豚得到更好的对待。

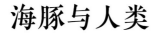

海豚明星

虎鲸与宽吻海豚是海洋馆里的明星。它们是鲸目类里适应能力最强的，经过训练可以完成很多任务。只有鱼和鼓励是最棒的奖励，为了让鲸目动物理解发出的指令，驯兽员会使用超声波口哨来发出信号。

饲养海豚需要人们时常监控海豚的各种情况，空间大小、同伴、水质等因素都会影响海豚的身心发展。

海豚的皮肤脆弱敏感，要避免经常受到抚摸或刺激。我们还应注意，它们被运输或环境改变时会产生强烈的应激反应。

换一种角度欣赏

虽然海洋馆里的表演精彩纷呈，展现了鲸目动物高超的智商与能力，但我们不应该忘了海豚喜欢自由，喜欢在大自然中生活。现在，有些组织能提供出海观赏海豚的项目。这些项目都要遵循严格的法令，更好地保护动物的权益。当然，在这过程中，我们或许无法长时间与海豚共处或看到它们做出复杂的跳跃，但能欣赏到自由自在的它们岂不是更加快乐？目前，这种观赏活动已经在很多地区展开，包括地中海地区、法国、美国、新西兰……

澳大利亚的鲨鱼湾是世界知名的海豚观赏地区。

水听器可以捕捉鲸目动物发出的声波，包括人耳无法听到的超声波。

研究海豚

科研人员们通过拍摄、录音等手段研究野生海豚，希望有朝一日能破译它们的语言。

在研究中，他们发现人工饲养的海豚与野生海豚行为不同。后者的行为模式更具规律性、逻辑性。

19

海豚可以听到远处传来的声音，例如人类用木棍打水发出的信号。它们会参与人类的捕鱼行为，并吃掉属于它们的那份。

不少文献中记载了海豚营救溺水人类的故事。2004年秋天，在新西兰，一名潜水者遭到一只鲨鱼的攻击，一群海豚出现围住了潜水员，让鲨鱼无法靠近。

在有些国家，海豚有时会驱赶鱼群，协助渔民的工作。还有些独来独往的海豚会游到海岸边寻求人类的陪伴。

当独自生活的海豚在一个海湾定居下来后，有时人们会设立一个委员会，负责监控与保护海豚的工作。

独自生活的海豚

　　大多数的海豚都过着集体生活。不过，有一些会离开集体，独自生活，其原因尚不得知。奇怪的是，这样的海豚往往会寻求人类的陪伴。

　　这一现象并不罕见，多发生于宽吻海豚与真海豚身上。它们通常会选择一处海湾定居数年，平日里频繁地跟随船只与游泳者。

海豚多菲的故事

　　海豚多菲的故事很有代表性。这只雌性海豚在20世纪80年代常出现在法国南部的东比利牛斯省附近的公海上。1991年，它频繁出没于近海的海湾处。

　　它总是很活跃、开心，在船只旁边跳来跳去，做出复杂的空中翻滚，与游泳者嬉戏……然而，有一次，它为了救溺水的游泳者而使一侧鳍受伤，导致感染。

　　这次事件后，人们曾在西班牙的一群海豚中见过多菲，这也是它最后一次露面。

危险与问题

如今，由于深受海洋污染、过度捕捞与流网捕鱼（流网是渔网的一种，也叫刺流网，是一种捕鱼手段。而流网的使用，使得海洋生物不论大小一网打尽，因此流网对海洋生物的破坏性很大。很多国家立法限制流网长度，甚至禁止使用流网）的影响，海豚的集体搁浅行为屡次发生，其中原因尚不得而知。

太平洋上的一些国家，如所罗门群岛，把海豚视作基本的肉类来源，有悠久的捕杀传统。

海豚的回声定位系统似乎无法发现流网的存在。一旦困住，海豚便会因为无法浮上水面呼吸而溺亡。

捕鱼

虽然在欧洲捕杀海豚的行为已经消失，但在世界其他地方依然存在。每年被捕杀的海豚不计其数。在智利，渔民用海豚肉当作诱饵来吸引其他鱼类。在印度南部的斯里兰卡，专家估计当地渔民每年捕杀的海豚数量在2万只左右。

流网：致命威胁

世界各地的许多渔民都会使用流网进行捕鱼，而这每年都导致了成千上万只海豚的死亡。这种巨大的尼龙网高度有30米，长度有时可达20千米，这些流网会给海豚带来致命的威胁。

污染

近几十年来，排放到海洋中的化学品与有毒物质触目惊心：除草剂、杀虫剂、农药、碳氢化合物、金属（汞、铅、锌等）……这些成分进入海洋生物体内，随着食物链大肆传播。在海豚身上，这些成分会引起癌症、中毒、器官衰竭（肺部、肝部等）……塑料袋这样的塑料制品也会引起海豚的窒息。

海豚士兵

在1960到1995年期间，美国军队利用海豚超高的智商为他们执行某些任务。例如在海豚吻部装上摄像头来寻找海底矿藏，海豚甚至会将矿物带回来。

我们偶尔会看到活着的鲸目动物在海滩搁浅的景象。这时必须要采取一些紧急措施。首先，应立刻报告相关单位（海警、动物保护部门等）。然后，一定要保持它们皮肤的湿润，不停地往它们身上浇洒海水，把浸湿的浴巾盖在它们身体上（注意不要堵住呼吸孔）。还可以利用遮阳伞避免它们遭到暴晒。在等待专业救援的同时，一定不要试图移动它们。

搁浅

当鲸目类因衰老或重病而死亡后，海水会将它们的尸体带到岸边，这是一种自然现象。不过，几只鲸目类的尸体同时出现，对科学家来说，还是一个需要研究的课题。其中几个可能的原因是：误食了有毒海藻；致命的传染病；领航海豚的定位系统失灵导致集体搁浅……不过这些都还只是未经证实的猜测。

LES DAUPHINS
ISBN: 978-2-215-08304-7
Text: Stéphanie REDOULÈS
Illustrations: Marie-Christine LEMAYEUR, Bernard ALUNNI
Copyright © Fleurus Editions 2005
Simplified Chinese edition © Jilin Science & Technology Publishing House 2021
Simplified Chinese edition arranged through Jack and Bean company
All Rights Reserved

吉林省版权局著作合同登记号：
图字　07-2016-4669

图书在版编目（CIP）数据

海豚 /（法）斯蒂芬妮•雷杜勒斯著 ；杨晓梅译
. -- 长春：吉林科学技术出版社，2021.1
（神奇动物在哪里）
书名原文：Dolphin
ISBN 978-7-5578-6731-7

Ⅰ. ①海… Ⅱ. ①斯… ②杨… Ⅲ. ①海豚—儿童读
物 Ⅳ. ①Q959.841-49

中国版本图书馆CIP数据核字(2020)第206692号

神奇动物在哪里·海豚
SHENQI DONGWU ZAI NALI · HAITUN

著　　者　[法]斯蒂芬妮•雷杜勒斯
译　　者　杨晓梅
出 版 人　宛　霞
责任编辑　潘竞翔　汪雪君
封面设计　长春美印图文设计有限公司
制　　版　长春美印图文设计有限公司
幅面尺寸　210 mm×280 mm
开　　本　16
印　　张　1.5
页　　数　24
字　　数　47千
印　　数　1-6 000册
版　　次　2021年1月第1版
印　　次　2021年1月第1次印刷

出　　版　吉林科学技术出版社
发　　行　吉林科学技术出版社
地　　址　长春市福祉大路5788号
邮　　编　130118
发行部电话/传真　0431-81629529　81629530　81629531
　　　　　　　　　 81629532　81629533　81629534
储运部电话　0431-86059116
编辑部电话　0431-81629518
印　　刷　辽宁新华印务有限公司

书　　号　ISBN 978-7-5578-6731-7
定　　价　22.00元